ÉTUDES

SUR LA SYMÉTRIE

CONSIDÉRÉE

DANS LES TROIS RÈGNES DE LA NATURE

PAR

CH. FERMOND.

—·—

PARIS

IMPRIMERIE CENTRALE DE NAPOLÉON CHAIX ET Cie,

RUE BERGÈRE, 20, PRÈS DU BOULEVARD MONTMARTRE.

1855

S

S

ÉTUDES

SUR LA SYMÉTRIE

CONSIDÉRÉE

DANS LES TROIS RÈGNES DE LA NATURE.

ÉTUDES

SUR LA SYMÉTRIE

CONSIDÉRÉE

DANS LES TROIS RÈGNES DE LA NATURE

PAR

CH. FERMOND.

PARIS

IMPRIMERIE CENTRALE DE NAPOLÉON CHAIX ET Cⁱᵉ,

RUE BERGÈRE, 20, PRÈS DU BOULEVARD MONTMARTRE.

1855

ÉTUDES

SUR LA SYMÉTRIE

CONSIDÉRÉE

DANS LES TROIS RÈGNES DE LA NATURE.

Pour peu que l'on examine avec attention un animal, un végétal et un cristal, on reste frappé de l'ordre
et de la régularité avec lesquels les parties qui les
composent sont placées les unes par rapport aux autres, lorsque ces parties sont homologues ou de même
nom.

Si nous considérons un chien, par exemple, nous
voyons aisément qu'il peut être divisé en deux moitiés égales offrant des parties qui se correspondent
parfaitement, de manière que son côté droit est exactement formé des mêmes parties, ayant les mêmes
dimensions que son côté gauche.

Quand nous examinons un végétal dans son ensemble, nous reconnaissons que, chez lui aussi, toutes ses
parties sont tellement disposées qu'on pourrait le diviser
en deux moitiés dans chacune desquelles on retrou-
verait les mêmes éléments disposés à peu près dans
le même ordre. De plus, chacune des parties du végétal, par exemple, une feuille ou une fleur, pourrait
être divisée en deux moitiés dans chacune desquelles

on pourrait reconnaître le même nombre ou la même grandeur dans les parties qui les composent.

Pareillement, le cristal complet d'une substance minérale, du fluorure de calcium, par exemple, peut être divisé en deux moitiés dont chacune contient les mêmes parties arrangées dans le même ordre quoique en sens contraire.

On a donné le nom de symétrie à cet arrangement particulier des parties, et ces exemples suffisent pour nous la faire admettre dans les trois règnes : aussi zoologistes, botanistes et minéralogistes l'ont-ils parfaitement reconnue dans les êtres qui font l'objet de leurs occupations; mais, il faut bien le dire, l'étude en particulier de la symétrie n'a pas encore reçu toute l'extension qu'elle nous paraît susceptible de recevoir. C'est dans l'espoir d'arriver à éclairer cette partie importante de l'histoire naturelle que nous avons cru devoir faire connaître nos idées sur ce sujet.

Tout en reconnaissant une symétrie dans les trois règnes, il est impossible de ne pas voir qu'il y existe des différences extrêmement tranchées, que l'œil saisit bien ; mais s'il s'agissait de dire à quel ordre de choses tiennent ces différences, on serait certainement fort embarrassé ; car dire, par exemple, que le cristal a des faces, des angles et des arêtes, tandis que le végétal a des branches, des feuilles et des fleurs, et l'animal des pieds, une tête, etc., ce serait énoncer les caractères communs aux minéraux, aux végétaux ou aux animaux, et nullement dire sur quoi porte la différence que présente la symétrie dans les trois règnes.

Le mot symétrie, tiré du grec συμμέτρια, de σύν, avec, et de μέτρον, mesure, signifie proportion et rapport d'égalité ou de ressemblance que les parties d'un corps naturel ou artificiel ont entre elles et avec le tout, de manière à former un ensemble régulier. (Tous les dictionnaires, particulièrement ceux de l'Académie, de Bescherelle et de Napoléon Landais.)

Si nous ne nous abusons, nous trouvons que cette définition ne repose sur aucun principe, aucune règle fixes : aussi se ressent-elle de ce défaut de base et ne laisse-t-elle à l'esprit rien de net, rien de précis. Il n'est donc pas étonnant que, dans les sciences comme dans le monde, on donne au mot symétrie une acception très-étendue qui la confonde soit avec l'ordre, soit avec la régularité, soit avec la répétition des mêmes objets, etc.

Si nous cherchons à appliquer cette définition aux êtres symétriques dont nous parlons ici, nous sentons que le mot ne dit pas assez et qu'il ne distingue pas ce qui est à distinguer dans ces trois grandes divisions des êtres naturels. Il nous a semblé utile de chercher une définition plus rigoureuse, du moins, pour l'exigence de la science et pour nous conformer au précepte de Locke ; nous allons essayer de définir d'une manière plus en rapport avec nos idées ce que nous entendons par symétrie.

La symétrie est *la disposition particulière de parties similaires placées à égales distances ou hauteurs de chaque côté d'un point, d'une ligne ou d'un plan, et dont un des côtés, quoique en sens contraire, représente assez exactement le côté opposé.*

Partant de cette définition, dans toute symétrie, il faut commencer par considérer deux choses, savoir : les parties constituantes de la symétrie et le centre par rapport auquel ces parties sont ordonnées. Ce centre peut être un *point*, une *ligne* ou un *plan*, et nous dirons de suite que la symétrie ordonnée par rapport à un point nous a semblé être celle qui appartient aux minéraux ; la symétrie ordonnée par rapport à une ligne, celle qui appartient aux végétaux, et la symétrie ordonnée par rapport à un plan, celle qui appartient aux minéraux.

Linné paraît être le premier naturaliste qui ait employé ce mot dans la botanique, mais d'une manière très-vague qui prouvait néanmoins qu'il avait des idées justes sur la méthode naturelle. (De Candolle.)

Plus tard, Correa de Serra s'en est servi dans ses Mémoires de la Société Linnéenne, mais sans en donner non plus une définition exacte; néanmoins les idées philosophiques de cet observateur ont eu une heureuse influence sur les progrès de la science; malheureusement, ces idées ont été plutôt émises dans l'intimité des conversations que consignées dans des ouvrages. (Moq. Tand.)

Il faut arriver jusqu'aux savants de notre siècle pour trouver au mot symétrie employé dans la science un sens plus précis, et encore les botanistes ne sont-ils pas nettement d'accord sur sa signification.

Ainsi de Candolle donne le nom de symétrie à *cette régularité non géométrique que l'on rencontre dans une fleur dont les pétales ne sont même pas égaux, ou dans une feuille dont les deux côtés ne sont pas mathématiquement semblables.*

Selon Aug. Saint-Hilaire, qui a longuement écrit sur la symétrie végétale, dans ses *Leçons de botanique,* la symétrie est *l'ordre respectif suivant lequel les organes latéraux sont placés sur la plante.* Ainsi, pour ce savant, la disposition spirale constitue la symétrie des organes de la végétation, tandis que l'alternance constitue celle des organes de la fructification.

Enfin, Ad. de Jussieu dans son excellent ouvrage de botanique (1) n'en donne aucune définition; mais par.

---

(1) *Cours élémentaire d'histoire naturelle,* partie botanique.

les exemples qu'il choisit, on voit qu'il a une idée
plus exacte de la symétrie et se rapproche beaucoup
de la définition de de Candolle en tant que ce dernier parle de la feuille. Nous citons le passage de
l'ouvrage d'Ad. de Jussieu, afin que l'on puisse se faire
l'idée de ce qu'il entendait par symétrie.

« Il ne faut pas confondre les fleurs régulières et
les fleurs symétriques. Les premières peuvent se par-
tager dans tous les sens en deux moitiés exactement
semblables ; les secondes ne le peuvent que suivant un
seul plan, et ce plan est généralement parallèle et perpendiculaire à celui de l'axe qui porte la fleur. On
peut le vérifier sur les fleurs de verveine et de sca-
bieuse, et l'on verra que, par un plan ainsi mené, on
les partage en deux moitiés tout à fait pareilles, l'une
de droite, l'autre de gauche. Suivant tout autre plan,
les deux moitiés cesseraient de se ressembler. C'est
que si les conditions étaient différentes en dehors et
en dedans, en haut et en bas, pour les parties de la
corolle, elles se trouvent précisément semblables à
droite et à gauche.

» Il peut donc y avoir des fleurs symétriques, quoique irrégulières, et c'est même le cas le plus fréquent
pour celles-ci : celui où il y a défaut de symétrie en
même temps que de régularité est beaucoup plus
rare. »

Comme on le voit, les idées d'Aug. Saint-Hilaire sur
la symétrie sont bien différentes de celles de de Candolle et d'Ad. de Jussieu, et celles de ce dernier se
distinguent un peu des idées du savant botaniste de
Genève.

De Candolle est un de ceux qui se sont le plus
étendus sur la symétrie végétale, particulièrement
dans sa *Théorie élémentaire* et dans son *Organographie
végétale*. Mais pour peu que l'on attache son attention

sur ce qu'il entend exactement par ce mot, on reconnaît que c'est moins la division possible en deux parties égales d'un organe que le développement intégral de toutes ses parties constituantes qui doit servir de base à la symétrie.

Ainsi, lorsqu'il dit que *c'est par l'observation de certaines monstruosités qu'on est parvenu à démêler la vraie nature de certains organes avortés et par conséquent la vraie symétrie de ces plantes* (Théorie élémentaire, 1813, page 104), il indique évidemment que, pour lui, toutes les fleurs chez lesquelles on peut constater des avortements, et l'on sait que le nombre en est grand, ne seraient plus symétriques ; mais cette symétrie qui disparaît ainsi peut reparaître chez une espèce ou un genre voisins ou dans une monstruosité de la même espèce. Par exemple, pour de Candolle, les linaires ne seraient symétriques que dans leurs anomalies péloriennes. Or ce seul exemple nous fait voir la différence essentielle qui distingue les idées du savant botaniste que nous venons de citer de celles d'Aug. Saint-Hilaire et d'Ad. de Jussieu.

Pour nous faire une juste idée de la manière dont ce mot est généralement compris, nous n'avons qu'à indiquer la fleur d'un *Berberis*, celle d'un *Albuca* et celle d'une *Papilionacée*.

Si en effet nous examinons la fleur d'un *Berberis*, nous sommes frappés de la régularité et de la disposition symétrique de ses parties. Pour tous les botanistes c'est assurément une fleur symétrique ; tandis que pour Aug. Saint-Hilaire, par son défaut d'alternance, elle ne saurait en être une. Une fleur d'*Albuca* au contraire est une fleur symétrique pour Auguste Saint-Hilaire et tous les autres botanistes, mais l'avortement des anthères de trois des six étamines en font une fleur qui n'est plus symétrique pour de Candolle.

La fleur d'une *Papilionacée* est une fleur symétrique pour Aug. Saint-Hilaire, car chez elle l'alternance est conservée, et cependant, au premier coup d'œil est-il une fleur plus irrégulière et moins symétrique, pour la plupart des botanistes qui confondent la régularité avec la symétrie ? Néanmoins, pour de Candolle et pour Ad. de Jussieu c'est aussi une fleur symétrique ; mais tandis que dans l'esprit du botaniste de Genève c'est parce que cette fleur est complète, c'est-à-dire qu'il n'y a eu aucun avortement, pour Ad. de Jussieu, c'est parce qu'on peut la couper suivant un plan, de manière à en faire deux moitiés semblables.

Il est inutile de multiplier les exemples, ceux qui précèdent nous semblent suffire ; et bien que ces auteurs soient parfaitement conséquents avec leurs définitions, il y a cependant tant de différences entre les idées qu'elles font naître et celles qui découlent toujours de l'acception ordinaire de ce mot appliqué à la zoologie, la minéralogie, ou au langage ordinaire, qu'il nous a paru utile de chercher à fixer les idées sur la symétrie de manière à faire :

1° Que l'on soit toujours d'accord sur le sens de ce mot ;

2° Que la symétrie soit regardée comme plus générale qu'on ne l'avait supposée ;

3° Qu'elle ne soit point confondue, en botanique, avec l'alternance, la répétition des parties et leur régularité ;

4° Que sa définition satisfasse, autant que possible, aux exigences de la géométrie, de la zoologie, de la botanique, de la minéralogie et même de notre langage.

I. SYMÉTRIE PAR RAPPORT A UN POINT,

(Symétrie minérale.)

Nous avons avancé que la symétrie par rapport à un point est essentiellement la symétrie minérale, c'est ce que nous allons chercher à démontrer.

On pourrait donner à cette symétrie le nom de *symétrie circulaire* ou *sphérique*, parce que les parties sont disposées circulairement ou sphériquement autour d'un point central. Si, par exemple, nous concevons un corps symétrique, *fig.* 1, formé d'un plus ou moins grand nombre de parties, mais dans lequel toutes les parties homologues sont opposées par rapport au point C et placées à égales distances du point, nous aurons théoriquement une symétrie, *régulière* si toutes les parties se ressemblent, *fig.* 1; *irrégulière* si les parties

Fig. 1.

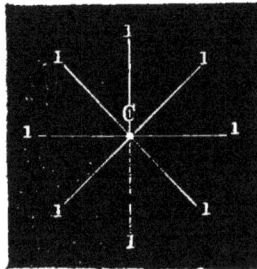

sont différentes, *fig.* 2. Et l'esprit conçoit en même temps qu'il n'y aurait plus symétrie si les mêmes parties de la *fig.* 2 étaient disposées dans un tout autre ordre comme dans la *fig.* 3, par exemple, car il n'y aurait plus opposition des parties similaires. Ce

qui constitue essentiellement cette symétrie, c'est donc
l'opposition des parties similaires que l'on doit toujours trouver en faisant passer une droite par le cen-

Fig. 2.

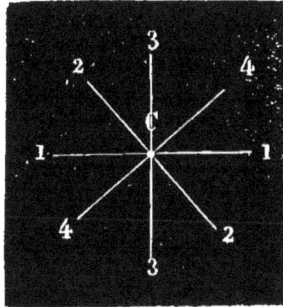

tre : quelle que soit sa position, cette ligne les ren-
contrera à une égale distance du point par rapport
auquel ces parties seront ordonnées.

Fig. 3

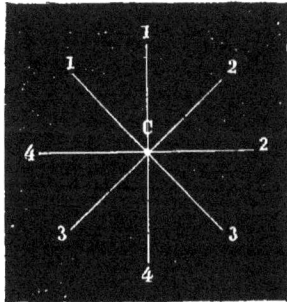

On comprend facilement que ce que nous venons de
dire pour une figure plane puisse tout aussi bien se
dire pour une figure solide, une sphère par exemple,
qui, supposée formée de parties hétérogènes, ne serait
symétrique qu'à la condition que toutes ses parties

similaires seraient en opposition. Quoiqu'un pareil exemple ne soit peut-être point dans la nature, nous avons dû pourtant en parler pour compléter la série d'exemples que nous devons présenter pour asseoir nos idées sur la symétrie en général.

Mais si nous ne trouvons pas de corps sphériques symétriques formés de parties hétérogènes, nous pourrons citer des solides géométriques ou des cristaux qui approchent plus ou moins de la sphère et qui présenteront quelques diversités dans leurs angles, leurs arêtes et leurs faces, et qui, pour satisfaire aux

Fig. 4.

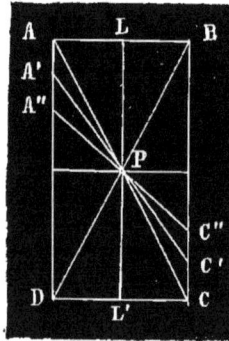

conditions de la symétrie, auront besoin d'avoir toutes leurs parties homologues opposées chacune à chacune et de chaque côté du point central.

Cette symétrie, par rapport à un point, est essentiellement celle qui appartient aux minéraux cristallisés, car nous allons voir que toute autre symétrie ne pourrait leur être appliquée. En effet, un des traits qui caractérisent cette symétrie, c'est *le mouvement en sens contraire des parties homologues*, mouvement que l'on ne rencontre plus, pour ainsi dire, dans les deux autres symétries.

Si, par exemple, nous considérons le rectangle
ABCD, *fig.* 4, d'après ce que nous avons dit, il ne nous
sera pas difficile de trouver les angles homologues,
puisque nous pouvons toujours supposer un point central P de chaque côté duquel ils seront en opposition,
car la figure est symétrique, et dès lors nous voyons
que les angles homologues sont A et C, B et D, chacun à chacun, et que nous pouvons les réunir par une
droite qui passerait par le centre de la figure P. De
plus, on peut remarquer que les points C'C" sont les
homologues des points A'A", puisqu'ils sont opposés

Fig. 5.

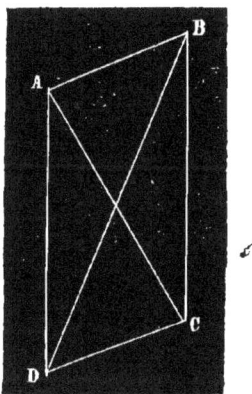

chacun à chacun, et que, par conséquent, ces points,
dont les premiers vont en montant et les seconds en
descendant, sont en *mouvements contraires*. Il serait
facile de prouver, par un raisonnement pareil, que les
différents points du côté BA sont en mouvements contraires avec les différents points du côté DC.

Il s'agit de prouver que les angles A et C, B et D
sont les seuls homologues chacun à chacun, et que les
angles A et B, D et C ne le sont pas, comme on

pourrait le croire, d'après l'égalité des angles. Pour
cela, il suffit de concevoir les côtés du rectangle mobiles au point de pouvoir prendre à volonté la forme
ABCD de la *fig.* 5. Dans ce cas, il ne reste plus de
doute sur la similitude des angles A et C, B et D. En
effet, A et C sont devenus des angles obtus au même
degré, tandis que B et D sont devenus des angles aigus au même degré aussi. Donc les angles A et C, B
et D sont les seuls homologues chacun à chacun. Mais
de ce que la *fig.* 4 est passée, dans l'hypothèse, à la
fig. 5, il s'ensuit que le côté AD est descendu, que le
côté CB est remonté, et que les deux côtés sont en
mouvements contraires. Donc encore, tous les points
compris entre A et B sont en mouvements contraires
avec tous les points compris entre C et D.

Cette démonstration était nécessaire pour empêcher
qu'on ne tombât dans une erreur qui aurait pu conduire à une fausse interprétation de la symétrie minérale.

Par exemple, rien n'empêchait au premier abord
de supposer que le rectangle ABCD, *fig.* 4, pouvait
être symétrique par rapport à la ligne LL'; mais alors,
ainsi que nous le verrons plus loin (symétrie par rapport à une ligne), il aurait fallu admettre que l'angle A
fût l'homologue de l'angle B, et l'angle C l'homologue
de l'angle D. dont le contraire vient de nous être dé-
montré.

Est-il besoin de dire que dans tout polygone régulier les angles AA', BB', CC', DD', *fig.* 6, sont homologues chacun à chacun; qu'il en est de même des
côtés AB, A'B'; BC, B'C', etc., et que par conséquent
encore la symétrie a un point pour centre ?

Enfin, on conçoit que quel que soit le nombre des
côtés d'un polygone régulier, fût-il, autant qu'on le
voudra, approché de la circonférence, il est toujours

possible de reconnaître par l'opposition, que ses parties sont homologues, et que par conséquent elles sont
symétriques par rapport au point central.

Fig . 6.

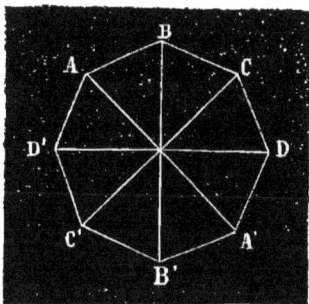

Tout ce que nous venons de dire se rapporte exactement à la théorie de la symétrie représentée graphi-
quement par la *fig*. 1. Mais il est des polygones qui se
rapportent plutôt à la symétrie théorique représentée *fig*. 2. Soit, par exemple, le polygone représenté
fig. 7. Il est évident, d'après notre définition, que la
symétrie a encore un point pour centre; car de l'égalité des angles A*a*, A'*a'*; B*b*, B'*b'*, chacun à chacun,
il résulte que les côtés BA et *ba*, AA' et *aa'*, A'B' et
a'b' sont égaux chacun à chacun; qu'ils sont opposés
l'un à l'autre de chaque côté du point P; qu'ils mar-
chent en sens contraires, et par conséquent la symétrie satisfait pleinement à la définition que nous avons
donnée.

Si maintenant nous cherchons à faire l'application
de ces principes aux polyèdres géométriques, nous
voyons qu'ils se prêtent à la théorie symétrique tout
aussi bien que les polygones. Or, comme les cristaux
ne sont autre chose que des polyèdres géométriques,

2

il s'ensuit que la même démonstration sera applicable et aux cristaux et aux polyèdres.

Fig. 7.

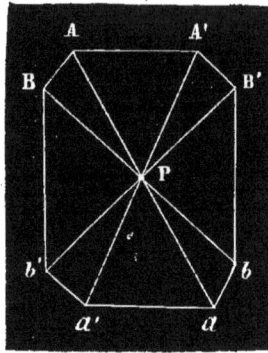

Soit le polyèdre à 6 faces, ABCD, *fig.* 8, dont nous allons, pour plus de simplicité, ne considérer que les angles solides ABCD, A'B'C'D'. Nous disons que ce ne

Fig. 8.

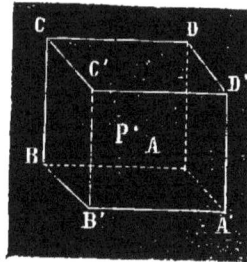

sont plus les angles solides D'B' ou DB qui sont homologues chacun à chacun, mais bien les angles DB' ou D'B qui sont opposés chacun à chacun de chaque côté du point central P. En effet, si nous concevons les deux faces ABCD, A'B'C'D' mobiles, mais liées entre elles

par les arêtes AA', BB', CC', DD', on peut admettre
que la première pourra s'abaisser et la seconde s'éle-
ver de telle façon qu'il puisse en résulter un parallélipipède oblique dans lequel les angles DB' sont devenus obtus au même degré, et au contraire les angles
D'B sont devenus aigus. Dans cette nouvelle figure, les
angles D'B' ou DB ne sont pas semblables; donc ils ne
sont pas homologues, tandis que les angles DB' ou
D'B le sont. Donc, de même que pour les polygones,
en joignant les angles homologues par une droite, cette
ligne passera par le centre de figure du polyèdre. Il
en serait de même de toutes les autres parties homologues; par conséquent, tous ces angles et toutes ces
parties sont symétriquement placés autour d'un point
central et ne sauraient être ordonnés par rapport à
une ligne.

On prouverait, de même que pour le rectangle,
fig. 5, que les arêtes et les faces de ce polyèdre ne
sont aussi symétriques que par rapport à un point, et
sont en mouvements contraires.

Ce que nous venons de dire du parallélipipède,
fig. 8, est applicable sans réserve à tous les autres
polyèdres réguliers de la géométrie, jusques et y compris la sphère, qui peut n'être considérée que comme
un polyèdre d'un nombre infini de côtés, arêtes et
angles.

Il est cependant quelques cas où les parties ne sont
plus disposées comme nous venons de le dire, bien
que pourtant on reconnaisse qu'il y existe une symétrie d'un ordre différent, comme par exemple la *fig.* 9,
dans laquelle toutes les parties peuvent être homologues, mais impaires, et sont placées à égales distances
du point P. Tel est le cas du triangle équilatéral et
de tout polygone équilatéral et équiangle ayant un
nombre impair de côtés.

Il en est de même de certains solides, particulièrement du tétraèdre régulier. Bien évidemment il y a
là une sorte de symétrie par rapport à un point, et
comme elle doit être distinguée de celle dont nous
avons tracé les principaux caractères, nous les dési-
gnerons : la première, sous le nom de *symétrie paire*
ou *pari-symétrie,* et la seconde, sous celui de *symétrie impaire* ou *impari-symétrie.*

Fig. 9.

Les formes que nous venons de citer étant régulières, l'impari-symétrie sera *régulière* pour la distinguer d'une autre impari-symétrie irrégulière dont
nous pouvons donner quelques exemples. Il est vrai
qu'alors nous touchons presque à la nature asymé-
trique. Aussi cette dernière symétrie est-elle la plus
basse dans l'échelle. Cependant, si nous considérons
un triangle isocèle, *fig.* 10, il est bien difficile de

Fig. 10.

n'y plus reconnaître de symétrie, et pourtant on voit
bien qu'elle n'a plus la même valeur que dans le cas
de triangle équilatéral. Enfin, dans le triangle scalène,
fig. 11, il est tout à fait impossible de retrouver la

moindre trace de symétrie ; car par cela seul que ses trois côtés sont inégaux, deux seulement de ses angles ne sauraient être égaux.

Ces notions nous paraissent suffisantes pour établir : 1° que la symétrie par rapport à un point est bien la seule que puissent affecter les corps bruts cristallisés ; 2° qu'il existe plusieurs ordres de cette symétrie auxquels se rapportent soit la plupart des figures géo-

Fig. 11.

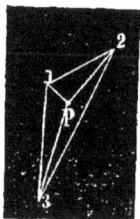

métriques, soit les formes cristallines de la minéralogie. C'est pour cette raison que nous l'avons nommée *symétrie minérale*.

Nous pouvons donc classer les formes de cette symétrie de la manière suivante :

A. Pari-symétrie.

Régulière : Cube, octaèdre régulier, carré, polygones réguliers.

Irrégulière : Prismes, pyramides, prismes obliques, parallélogrammes.

B. Impari-symétrie.

Régulière : Tétraèdre régulier, triangle équilatéral, polygones impairs réguliers.

Irrégulière : Tétraèdre irrégulier, certaines pyramides, triangle isocèle, polygones impairs irréguliers.

C. Asymétrie.

Matières amorphes, triangle scalène, etc.

II. SYMÉTRIE PAR RAPPORT A UNE LIGNE.

(Symétrie végétale.)

Nous avons dit que la symétrie végétale nous avait paru être celle qui est ordonnée par rapport à une ligne. Nous allons chercher à démontrer que cela est rigoureusement vrai, et qu'alors, sauf de très-légères exceptions relatives, tous les organes appendiculaires peuvent être regardés comme rigoureusement symé‧triques.

Dans cette symétrie les parties similaires sont or-

Fig. 12.

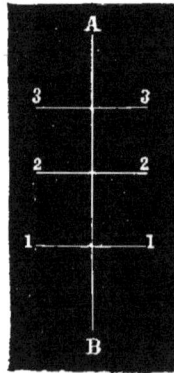

données par rapport à une ligne que la géométrie nous apprend être formée par la superposition de points. Par exemple, la ligne AB (*fig.* 12), avec les parties homologues ou similaires 1, 1; 2, 2; 3, 3, placées à égales distances et opposées chacune à cha-

cune, présentent un cas de symétrie par rapport à une
ligne.

Fig. 13.

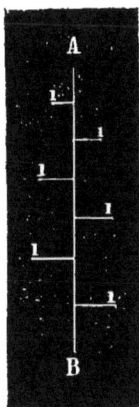

Les parties n'ont pas besoin d'être opposées sur
l'axe pour former symétrié, car il suffit qu'elles soient
disposées alternativement à égales distances et sur
deux lignes opposées pour constituer une autre symétrie représentée en AB (*fig.* 13).

Les parties semblables peuvent encore être disposées
toutes d'après un ordre tel, que la quatrième ou toute
autre arrivera toujours périodiquement se placer sur
la première, prise comme base de l'observation; de
telle sorte que le nombre des parties compris entre deux
de ces parties consécutives, prises sur une droite parallèle à la ligne AB, *fig.* 14, sera toujours le même.

La *fig.* 15 représente un autre mode d'arrangement
symétrique par rapport à une ligne. On pourrait varier
presque à l'infini ces exemples de symétrie, et l'on ne
tarderait pas à reconnaître qu'ils sont plus nombreux
que ne peuvent l'être ceux de symétrie par rapport à
un point.

Pour distinguer ces symétries on pourrait les nom-

mer: la première, *oppositive;* la seconde, *alternative,*
la troisième, *hélicoïdale,* parce que toutes les parties

Fig. 14.

étant à égales distances de la ligne AB et également
distantes entre elles, il faut de toute nécessité qu'elles

Fig. 15.

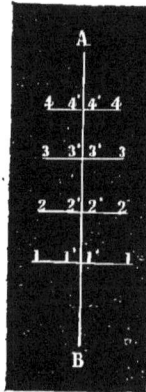

soient disposées suivant une hélice qui se dévelop-

perait autour de la ligne (1). Quant à la quatrième, il
est aisé de reconnaître qu'elle n'est que la répétition
de la première, avec un degré de complication de
plus.

La symétrie représentée dans la *fig.* 16 n'est pareillement qu'une modification de la première, offrant

Fig. 16.

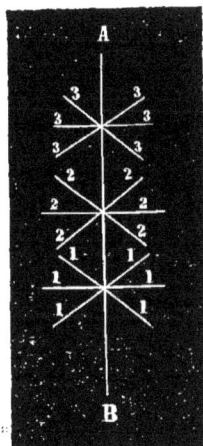

un plus grand nombre de parties opposées. Comme
elle représente une disposition très-fréquente en botanique, disposition connue sous le nom de *verticillarité*, on pourrait lui donner le nom de *symétrie verticillaire*.

Dans toutes ces figures les chiffres semblables repré-
sentent les parties tout à fait semblables.

Examinons maintenant si la symétrie végétale se

---

(1) La symétrie oppositive est la seule qui nous paraisse naturelle; nous regardons les deux autres comme des déviations de la
première.

rapporte à cette symétrie plutôt qu'à la symétrie par rapport à un point ou à un plan.

1° Si nous prenons une plante à feuilles opposées, nous remarquons que les feuilles sont d'autant plus pe-tites et par conséquent plus jeunes, que nous les exami-nons plus haut sur la tige. Rigoureusement, quoique ces parties aient le même nom, on voit que pourtant elles ne sont pas homologues ou similaires, puisque celles du bas sont plus âgées et souvent d'une autre forme que celles du haut. Chacune de ces paires de feuilles prise séparément pourrait être considérée comme appartenant à la symétrie par rapport à un point, puis-que l'on peut toujours supposer un point central par lequel passerait une droite qui irait aboutir à des parties de même nom. Par exemple, la ligne AB, *fig.* 17,

Fig. 17.

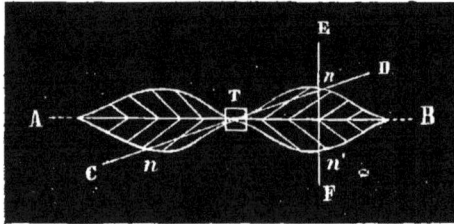

passant par le centre de la tige T, passerait aussi par les deux extrémités A et B des deux feuilles opposées, tandis que la droite C et D, passant aussi par le centre, se trouverait aller joindre les deux secondes nervures *n* et *n* des deux feuilles. Évidemment, voici un assem-blage de feuilles, s'ordonnant par rapport à un point qui est au centre de la tige ; et si nous n'avions à le considérer qu'isolément, rien symétriquement ne le différencierait de la symétrie des minéraux.

Mais aussitôt que nous venons à supposer par la

pensée un ou plusieurs autres assemblages de feuilles placés au-dessus de ce premier, l'idée de symétrie par rapport à une ligne nous arrive; car mathématiquement la superposition des points est justement la condition de la formation d'une ligne, et alors on pourrait reconnaître que toute droite passant par le centre de la tige et qui ne serait pas *perpendiculaire à son axe*, c'est-à-dire la ligne formée par la superposition des points dont nous venons de parler, cette droite, disons-nous, irait évidemment rencontrer des parties de diverses natures. Par exemple, l'axe AB, *fig.* 16, irait rejoindre des parties très-différentes, puisque chez le végétal ce serait les racines d'un côté, les fleurs de l'autre, choses que rigoureusement l'on ne peut pas considérer comme similaires.

Ainsi ce seul exemple suffit pour nous démontrer que la symétrie végétale ne saurait être ordonnée par rapport à un point. Voyons maintenant si elle doit être ordonnée par rapport à un plan, et dans ce cas, nous rentrerions nettement dans les idées d'Ad. de Jussieu, qui, disons-le de suite, est le botaniste qui s'est, à notre sens, le plus rapproché de ce que l'on doit entendre par symétrie.

Comme nous ne voulons pas nous étendre ici sur la symétrie des animaux, nous dirons simplement que si nous supposons un plan coupant en deux moitiés égales un animal quelconque, un chien par exemple, on peut toujours reconnaître qu'une droite prise au hasard dans les lignes qui circonscrivent l'animal, et perpendiculaire au plan, va traverser des parties similaires situées chacune à chacune à des distances égales du plan. Toute autre ligne qui ne serait pas perpendiculaire irait aboutir à des parties de natures très-différentes. C'est ainsi que la droite qui passerait par l'œil, l'oreille gauche, etc., pourvu qu'elle soit perpen-

diculaire au plan qui divise l'animal en deux moitiës
égales, passerait aussi par l'œil, l'oreille droite, etc.

2° Pour reconnaître si la symétrie des végétaux est
ordonnée par rapport à un plan, nous n'avons qu'à
supposer ce plan coupant par le milieu deux feuilles
opposées de l'assemblage des feuilles verticillées,
fig. 18, suivant AB ; à mener des droites perpendiculaires au plan, et à voir si les parties rencontrées
sont similaires. Dans le cas dont il s'agit, on voit que
la droite EF, perpendiculaire à AB, rencontre des par-

Fig. 18.

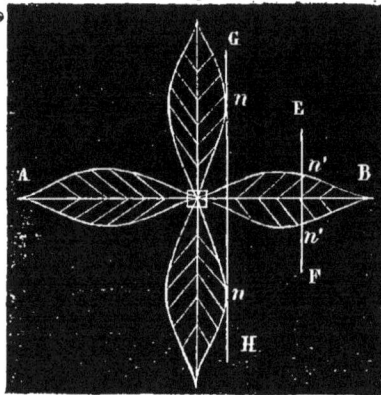

ties *n*', *n*', qui tout d'abord paraissent homologues ou
de même nature ; mais alors, si nous concevons une
autre droite GH, perpendiculaire à AB, nous rencon-
trons encore des parties homologues *n*, *n*, dont la
recherche et l'origine sont différentes, puisque dans
le premier cas les parties homologues appartiennent
à la même feuille, tandis que dans le second elles
appartiennent à deux feuilles différentes. Cet exemple
suffirait pour démontrer l'incertitude où l'on serait de
savoir quelles sont véritablement, dans ces deux exem_

ples, les parties rigoureusement homologues, et rien jusqu'à présent ne nous l'indique.

Pour arriver à savoir au juste quelles sont les parties vraiment homologues de deux feuilles opposées, nous prendrons l'exemple du *Rochea falcata*, dont les feuilles sont opposées, mais aussi inéquilatérales. Soit donc, dans la figure théorique 19, A, l'axe de la tige

Fig. 19.

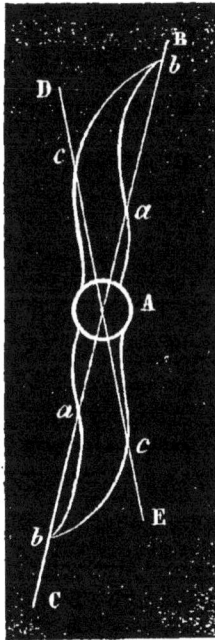

et BC une droite passant par son centre. Il est aisé de voir que la droite va de chaque côté joindre d'abord les concavités des feuilles, puis leurs pointes; tandis que la droite DE va au contraire correspondre à la convexité de chacune des feuilles, d'où il est aisé de reconnaître que les droites vont bien de chaque côté

du centre A trouver les parties rigoureusement similaires chacune à chacune *aa*, *bb*, *cc*, etc. Donc c'est
par le centre de la tige qu'il faut faire passer les
droites qui doivent conduire aux parties homologues,
et par conséquent la symétrie n'est pas ordonnée par
rapport à un plan.

A la vérité, dans les *Begonia Evansiana, nitida, ar-
gyrostigma*, etc., les feuilles présentent une forme et
une disposition qui semblent peu se prêter à cette
symétrie, puisque évidemment les côtés les plus étroits
ou les plus petits de deux feuilles voisines se regar-
dent, et qu'alors une droite passant par le centre cor-
respondrait à des parties qui ne seraient pas similaires. Dans ce cas, nous pourrions admettre que ces
plantes échappent à la loi de symétrie, ou bien que
cette propriété y existe encore, quoiqu'un peu altérée
par des causes inconnues et particulières à ces espèces.
Mais comme, d'ailleurs, la symétrie végétale peut
prendre des formes très-diverses, nous avons espéré
pouvoir en trouver une qui fût applicable aux feuilles
dont il s'agit, et voilà, selon nous, comment on peut
envisager cette symétrie.

Pour rendre l'exposition plus claire, nous raisonne-
rons sur les feuilles distiques de l'*Ulmus campestris, fig.* 20,
que nous supposerons opposées comme dans l'exemple
précédent.

Et d'abord nous fixerons l'attention sur cette espèce
de feuille de manière à rappeler que, tandis que dans
les feuilles ordinaires le plan de leur limbe est toujours en croix, pour ne pas dire perpendiculaire, avec
l'axe de la tige, ici au contraire le plan lui est plutôt parallèle. Il résulte de cette disposition que l'un
des côtés de la feuille est aussi voisin, l'autre aussi
éloigné que possible de l'axe. Dans cette position, le
côté le plus voisin prend toujours moins d'accroisse-

ment que l'autre, de sorte que la feuille devient iné-
quilatérale. Si dans cet assemblage de feuilles nous
avions à rechercher les parties des deux feuilles qui
seraient rigoureusement similaires, nous n'aurions
qu'à tirer la droite DD' perpendiculaire à la ligne AB
et comprise dans le plan du limbe des deux feuilles.
Alors, conformément à notre définition, nous aurions
les points C C' et D D' à égales distances chacun à
chacun de la ligne A B, d'où nous conclurions que

Fig. 20.

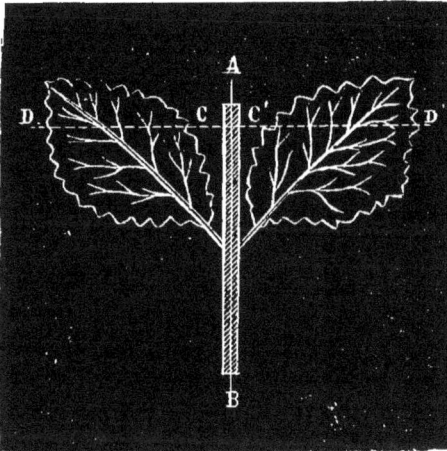

C est l'homologue de C', et D l'homologue de D'. ce que
l'œil reconnaît aisément. Donc ici la symétrie est parfaite et ordonnée par rapport à la ligne A B.

C'est de cette façon qu'il faut considérer la disposition des feuilles de *Begonia*, et cette symétrie nous
parait plus rationnelle que celle qui consisterait à
l'ordonner par rapport à une ligne ou un plan qui
couperait la feuille dans le sens de la nervure prin-
cipale.

Pour ces exemples nous avons supposé l'opposition des feuilles, tandis qu'elles sont alternes. Dans ce cas, nous avons fait naître une symétrie oppositive pour mieux faire saisir notre pensée ; mais en restituant à la disposition des feuilles l'alternance qui leur est particulière, nous rentrons dans le cas de symétrie alternative.

3° Voyons maintenant si, par une autre méthode, nous ne pourrons pas arriver à démontrer que la symétrie des plantes est véritablement ordonnée par rapport à une ligne.

Ad. de Jussieu, avons-nous dit, a eu des idées très-nettes sur la symétrie végétale et il a parfaitement reconnu qu'en faisant passer un plan par le milieu d'une fleur et parallèlement à l'axe qui la porte, on peut reconnaître que ses deux moitiés se ressemblent. De cette façon, on serait tenté de croire à une symétrie par rapport à un plan. Mais alors il faudrait admettre autant de plans différents qu'il y a de fleurs ; et tandis que la symétrie minérale n'admettrait qu'un seul point, et la symétrie animale qu'un seul plan pour centre, les végétaux, au contraire, auraient pour centre symétrique tantôt un point, tantôt une ligne et tantôt un plan. Telle ne peut être notre manière de voir, et d'ailleurs, en poursuivant notre raisonnement, nous arrivons, même avec l'usage des plans, à reconnaître que la symétrie qui nous occupe n'est vérita-blement ordonnée que par rapport à une ligne.

En effet, les fleurs comme les feuilles sont placées sur la tige, soit en formant des verticilles, soit en décrivant une hélice. Dans les deux cas il est aisé de reconnaître que tous les plans qui diviseraient les fleurs en deux moitiés égales, s'ils étaient suffisamment prolongés vers l'axe floral, iraient se joindre tous au centre de l'axe, puisque nous les supposons paral-

lèles à cet axe et coupant la fleur par son centre :
donc le lieu de leur rencontre ou leurs points d'in-
tersection constitueraient une ligne par rapport à laquelle tous ces plans seraient ordonnés, et par conséquent ils seraient eux-mêmes symétriques par rapport
à une ligne. Donc toutes les fleurs sont symétriques
par rapport à une ligne, et cette symétrie est le propre
des végétaux.

Le même raisonnement peut être appliqué aux
feuilles et à tous les autres organes appendiculaires.

Pour terminer, nous allons faire quelques applica-
tions plus directes.

Si nous examinons superficiellement un arbre, nous
lui trouvons un axe général à l'une des extrémités
duquel on reconnaît une tête composée de branches,
de feuilles, de fleurs, etc., tandis qu'à l'autre extré-
mité se trouvent les racines. Or, si nous supposons des
plans passant par le centre de son axe et se coupant
tous, quel que soit le plan que l'on considère, on divise toujours l'arbre en deux moitiés à peu près
égales. Mais les parties similaires de la tête sont en
haut, celles de la racine en bas et celles du tronc au
milieu; mais tous les plans que nous avons supposé
diviser l'arbre en deux forment par leurs points d'in-
tersection une ligne qui est au centre de l'arbre :
d'où il faut conclure que la symétrie de l'arbre est
ordonnée par rapport à une ligne.

Si nous examinons une tige de Labiée, nous voyons
de chaque côté de cette tige et à la même hauteur
une paire de feuilles au même degré de développement; un peu plus haut, mais en croix avec la première, nous trouvons une seconde paire de feuilles;
enfin, à une distance à peu près égale, nous retrouvons une autre paire de feuilles en croix avec les secondes et placées directement au-dessus des premières.

En poursuivant l'observation on trouverait une quatrième paire de feuilles qui se superposeraient aux secondes, et ainsi de suite. Dans cet exemple nous rentrons dans la *symétrie oppositive*. Ordinairement, dans
cette symétrie chaque paire de feuilles est en croix ou
à angle droit avec la paire inférieure ou supérieure.
Il n'y a guère en effet que le *Globulea obvallata* et
l'*Ajuga genevensis* chez lesquels les paires de feuilles
se coupent sous un angle aigu, de manière à former
deux hélices dans lesquelles la sixième feuille seulement vient recouvrir la première.

Ordinairement, à l'aisselle de chaque feuille on remarque un bourgeon, qui se trouve indiqué dans la
fig. 15 par les petits chiffres *primés*, figure qui
représente la plus exacte symétrie par rapport à une
ligne.

Si nous cherchons à faire une observation analogue
sur une tige de Rubiacée, nous reconnaissons qu'un
nombre plus ou moins grand de feuilles semblables
sont disposées circulairement autour de la tige, et
qu'alors nous avons affaire à une *symétrie verticillaire*.

Dans les Tilleuls, les Ormes, les Noisetiers, en un
mot chez les végétaux à feuilles distiques, nous avons
une symétrie qui se rapporte à celle que nous avons
appelée *alternative*.

Toutes les autres dispositions de feuilles rentrent
invariablement dans la *symétrie hélicoïdale;* mais, par
des considérations que nous développerons ultérieure-
ment, nous regardons cette symétrie, ainsi que l'alternative, comme anomale.

Les ramifications n'étant que le résultat du développement des bourgeons, qui d'ordinaire sont axil-
laires, il est évident qu'elles doivent présenter la même
symétrie que les feuilles; qu'ainsi elles sont oppositives
dans le Lilas, verticillaires dans le *Nerium oleander*,

alternatives dans le Tilleul et hélicoïdales dans l'Asperge. L'inflorescence, qui n'est qu'une modification de la ramification, est assujettie à la même symétrie; seulement nous devons faire remarquer ici que les axes floraux subissent souvent des déplacements qui font passer certaines efflorescences d'une symétrie dans une autre, comme, par exemple, la symétrie oppositive des feuilles de certains *Veronica*, qui devient hélicoïdale dans les pédicelles.

Il ne s'agit plus maintenant que de ramener les fleurs à la symétrie qui nous occupe et à démontrer que celles qui sont en apparence les plus irrégulières sont cependant douées de la plus parfaite symétrie. Nous allons choisir de préférence une fleur d'Orchidée, une fleur de Personnée, une fleur de Renonculacée irrégulière et une fleur de Papilionacée.

Si nous voulions ordonner la symétrie de ces fleurs par rapport à une ligne qui passerait au centre de la fleur même, nous pourrions sans doute la rapporter à la symétrie verticillaire ou hélicoïdale; mais alors il y aurait des parties de grandeur et de formes différentes, ou bien des parties dégénérées ou même avortées, et l'esprit ne concevrait qu'une symétrie imparfaite qui le satisferait peu. Au contraire, si nous ordonnons la symétrie par rapport à une ligne qui passe au centre de toute l'inflorescence, nous rentrons dans la symétrie la plus parfaite, quelles que soient les modifications ou les irrégularités de la fleur. Si, en effet, nous représentons le diagramme d'une fleur d'Orchidée, *fig.* 21, D, nous voyons qu'elle est formée de parties disposées ainsi qu'il suit : trois divisions externes *d. e.* du périanthe, disposées de manière que la plus éloignée de l'axe A lui présente sa concavité; trois divisions internes *d. i.* alternant avec les précédentes, de sorte que la plus intérieure (*labellum*) pré-

.sente sa convexité à l'axe de la tige. Au centre se trouve ce que les botanistes ont nommé *gynostème*, parce que sur le même corps central se trouvent réunis et soudés ensemble les stigmates et les étamines ou les staminodes. La position de ces parties est telle, qu'elles alternent avec les divisions internes du pé-

Fig. 21.

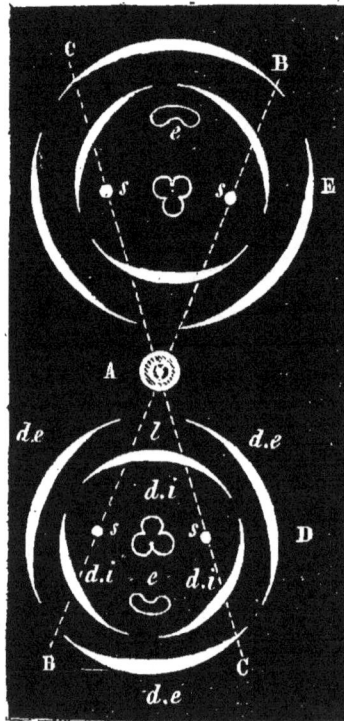

rianthe. Enfin, au centre nous avons représenté la coupe transversale de l'ovaire à une seule loge, mais à trois placentas indiqués par les angles rentrants.

Dans la plupart des Orchidées la disposition est la même, de sorte que si nous supposions que deux fleurs

fussent opposées, comme en D et E, *fig.* 21, il serait
facile de reconnaître que des droites BB, CC, passant
par le centre de la tige, iraient rencontrer des parties
tout à fait similaires que la figure indique suffisamment. Nous avons supposé que la fleur était dans la
position qu'elle présente avant la torsion de l'ovaire, et
ce qu'il y a de remarquable, c'est qu'après cette torsion la symétrie est renversée, mais sans cesser d'être
parfaite; car la torsion s'est faite de telle façon que
les parties internes, c'est-à-dire celles qui étaient les
plus voisines de la tige, sont devenues les plus externes, et, dans ce cas, les mêmes droites BB, CC conduisent, non pas aux mêmes parties que précéden.-

Fig. 22.

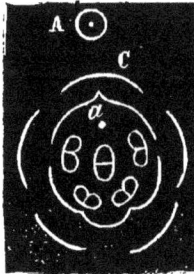

ment, mais aux parties qui sont rigoureusement similaires ou homologues dans l'une et dans l'autre fleur.
Enfin, ce qui n'est pas moins remarquable, c'est la
symétrie avec laquelle se font les modifications des
organes. Par exemple, dans le genre *Cypripedium*, les
deux staminodes *ss*, *fig.* 21, deviennent anthérifères,
tandis que la troisième étamine *e*, avorte, et alors les
mêmes droites BB, CC conduisent à des organes également développés dans l'une et l'autre fleur. Ajou-
tons seulement ici que nous avons admis une symétrie
oppositive, tandis qu'elle est d'ordinaire alternative, ce

qui n'en fait pas moins une symétrie par rapport à une ligne.

La fleur de l'*Antirrhinum majus* est une fleur très-irrégulière, mais qui n'en est pas moins symétrique pour cela; car, par un procédé analogue à celui que nous avons suivi pour la fleur d'Orchidée, on peut reconnaître que toutes les parties peuvent être considérées comme ordonnées par rapport au centre de la tige A, *fig.* 22. Si, en effet, on conduisait des droites comprises dans le périmètre du diagramme de la fleur et passant par le centre de la tige A, ces droites iraient trouver, dans le cas d'opposition, les parties similaires de la fleur opposée. Pour en être sûr, il suffit d'observer que toutes les fleurs sont disposées de manière que l'une des divisions du calice C tourne le dos à la tige; qu'il en est de même de la lèvre supérieure formée de deux pétales, et que la place de l'étamine avortée est toujours précisément la plus voisine de l'axe A.

Si maintenant nous passons à la fleur de l'*Aconitum napellus*, nous trouvons une disposition représentée

Fig. 23.

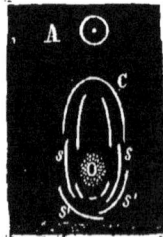

dans le diagramme, *fig.* 23, dans lequel on reconnaît un sépale en forme de capuchon c, toujours plus voisin de l'axe de la tige A, deux sépales latéraux *ss*, moins grands et deux autres *s's'* plus petits, tout à fait à l'extérieur. La corolle incomplète se trouve réduite à deux pétales transformés en cornets ressemblant chacun à un bonnet phrygien et logés tous deux sous le premier sépale. Les trois autres pétales sont ordinairement plus atrophiés et sont représentés par trois petites lanières. En raisonnant sur deux fleurs opposées, comme nous l'avons fait pour les deux autres

Fig. 24.

sortes de fleurs irrégulières, on arrive à retrouver une semblable symétrie.

Enfin, si nous appliquons la même méthode aux fleurs papilionacées, nous arrivons encore aux mêmes résultats indiqués suffisamment par le diagramme, *fig.* 24. Dans cette espèce de fleur l'étendard *e* est toujours interne par rapport à l'axe, et la carène *c* toujours externe. Il en résulte que dans le cas d'opposition de deux fleurs, on comprend aisément que les droites qui passeraient par le centre de la tige iraient rencontrer dans l'une et l'autre fleur des parties tout à fait similaires.

Mais si la symétrie existe pour les fleurs irrégulières que nous venons de citer, à plus forte raison

doit-elle exister pour les fleurs régulières. Seulement,
ici, en raison même de cette régularité, elle semble
indépendante de la ligne par rapport à laquelle nous
l'avons fait naître dans les exemples précédents ;
tandis que c'est véritablement le même ordre qu'il
faut voir et la même méthode qu'il faut suivre pour
déterminer les parties rigoureusement similaires des
fleurs régulières. Pour elles, la figure théorique 25

Fig. 25.

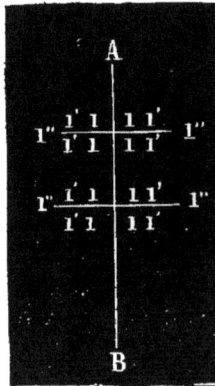

en représentera les parties : seulement les chiffres
sont les mêmes comme représentant des grandeurs
égales ; tandis que les signes indiquent les parties
homologues. Dans le cas d'alternance, on a la disposition représentée théoriquement dans la *fig.* 26.

Au contraire, dans le cas de fleurs irrégulières, la
symétrie veut la figure théorique 27, dans laquelle
les parties similaires sont représentées par les chiffres
semblables, ces chiffres ne variant qu'avec les formes
ou les grandeurs.

Enfin, pour peu que l'on examine la disposition des
carpelles et des graines, on voit aisément qu'il est

toujours possible de la ramener à la symétrie par rapport à une ligne, soit par opposition ou verticillarité, soit par alternance, soit par disposition hélicoïdale.

Si donc toutes les parties sont démontrées placées symétriquement autour ou de chaque côté d'une ligne, il est vrai de dire d'une manière générale que la symétrie par rapport à une ligne est essentiellement la *symétrie végétale,* laquelle se distingue nettement

Fig. 26.

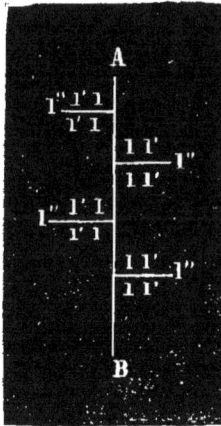

de la symétrie minérale et de la symétrie animale. Il est bien entendu que cette symétrie ne peut jamais être parfaitement mathématique.

Mais, comme si la nature s'était plu à confondre ou plutôt à rapprocher les êtres les plus simples de chaque règne à quelque point de vue que l'on se place, nous trouvons des végétaux dont la symétrie a de l'analogie avec celle des minéraux ; à la vérité, ils sont en si petit nombre, que si nous les signalons ce n'est absolument que pour constater le fait. Nous trouvons en effet, parmi les Algues de la tribu des *Zoosporées*, des végétaux d'une structure si simple, qu'ils ne consistent qu'en une seule vésicule, et alors il semble que leur symétrie soit analogue à celle des minéraux, c'est-à-dire qu'elle ait lieu par rapport à

Fig. 27.

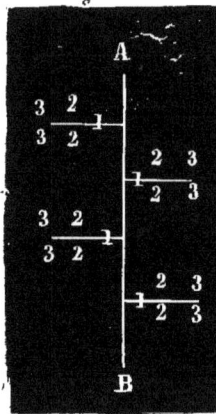

un point. Mais dès que l'on arrive, dans la même famille, à plusieurs vésicules réunies ensemble, il est clair qu'aussitôt nous retrouvons les conditions de symétrie par rapport à une ligne.

III. Symétrie par rapport a un plan.

(Symétrie animale.)

Afin de compléter ces idées générales sur la symétrie, il nous reste à parler de la symétrie des animaux
c'est ce que nous allons faire de la manière la plus
brève possible.

Nous avons déjà pu reconnaître que la symétrie par
rapport à une ligne était plus compliquée que celle
qui a un point pour centre. Nous allons voir maintenant que la symétrie ordonnée par rapport à un plan
est plus compliquée encore ; car on comprend qu'il
soit plus simple de coordonner les parties autour d'un
point qu'autour d'une ligne, qui est formée de plusieurs points , et à plus forte raison autour d'un
plan, qui se compose de la réunion de plusieurs lignes.
En effet , dans un même cristal ou dans une même
figure géométrique , nous n'avons eu à opposer
qu'un petit nombre de parties homologues (2, 3 ou 4,
rarement plus); tandis que dans une plante, déjà nous
avons dû opposer beaucoup plus d'objets divers. Dans
les animaux , les parties qui forment symétrie sont
très-nombreuses et, pour cette raison, elles lui donnent
un degré de complication plus élevé. Toutefois nous
n'aurons point à nous étendre longuement sur les
formes diverses qui peuvent naître de cette symétrie,
car il nous suffira de démontrer son existence pour
que nous ayons les éléments nécessaires à l'accom-
plissement de la tâche que nous nous sommes imposée.

Dans la symétrie par rapport à un plan , toutes les
parties homologues sont placées de chaque côté de ce

plan, à égales distances ou hauteurs chacune à chacune, exactement comme elles le sont dans un objet et son image que l'on voit dans une glace, et de façon à être rencontrées par une droite qui serait *exactement perpendiculaire* au plan. On sait, en effet, que si l'on place devant une glace et à une certaine distance un objet quelconque, une flèche, par exemple, *fig.* 28, on voit se peindre une seconde flèche qui semble der-

Fig. 28.

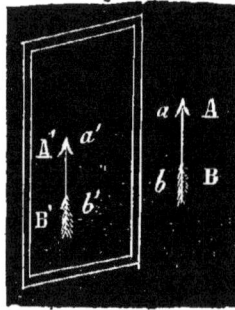

rière la glace à une distance égale à celle qui sépare la glace de la première, avec cette circonstance, qui est le propre de toute symétrie, que le point *a*, le plus voisin, fait son image en *a'*, le plus voisin aussi; que le point A le plus éloigné fait pareillement son image en A', qui est le point le plus éloigné. Il en est de même des points *b*B, par rapport aux points *b'*B'; de sorte que l'image représente la flèche avec une symétrie remarquable. On peut donc dire que toutes les parties de l'objet et celles de l'image sont disposées symétriquement de chaque côté de la glace, par conséquent d'un plan.

Dans cette symétrie, les parties homologues ne sont plus ordonnées seulement par rapport à un point ni

même à une ligne; car, ici, non-seulement elles correspondent à des points divers dont l'ensemble constitue une ligne, mais encore à des lignes diverses
dont l'ensemble constitue un plan. Et en effet, si au
lieu d'une flèche nous avions pu prendre la moitié
gauche ou droite d'un chien et si nous l'avions appliquée sur la glace par la partie interne, il est clair
qu'en supposant la glace sans épaisseur nous aurions
reproduit un chien analogue à celui dont nous aurions
pris la moitié. C'est qu'alors toutes les parties de
l'image étant, ainsi que les parties homologues de
l'objet, à une égale distance du plan central (de la
glace), il est évident que la moitié qui manque se
trouve, dans l'hypothèse, remplacée par l'image. C'est
donc là une symétrie différente de celles que nous
avons étudiées; et, ainsi que nous allons le démontrer,
comme cette symétrie se retrouve dans la généralité
des animaux, il nous a semblé juste de la nommer
symétrie animale.

Afin de donner plus de force à notre raisonnement,
nous rappellerons que presque tous les organes sont
pairs chez tous les animaux, dans les premiers temps
au moins de leur formation, et que si en apparence
ils paraissent parfois impairs, cela tient à des avortements ou des défauts de développement que l'em-
bryogénie a parfaitement constatés et que, du reste,
l'anatomie comparée vient jusqu'à un certain point con-
firmer. D'ailleurs, ce fait est aujourd'hui tellement
admis dans la science, que la symétrie est reconnue
de tous les zoologistes, et que M. Serres s'en est servi
pour établir une loi de dualité ou de symétrie pour
les organes animaux (1).

Nous ne nous étendrons point longuement sur les

(1) Cours d'anthropologie au Muséum d'histoire naturelle,

organes qui semblent impairs, comme le cœur par
exemple, et qui sont véritablement des organes doubles ou peuvent réellement être ramenés à la loi de
dualité. Il nous suffit, en effet, de reconnaître qu'à
l'extérieur d'un animal toutes les parties sont paires,
pour y constater la symétrie animale dans toute sa
généralité. Il y a plus, à notre sens : c'est que si les
zoologistes pouvaient être arrêtés par des observations
contraires dans la théorie de la dualité des organes
intérieurs, ils pourraient la soutenir avec une certaine
force de logique en se fondant sur la similitude parfaite des organes ou des appareils extérieurs. En
effet, comment supposer que le côté gauche, si parfaitement semblable au droit pour les formes, les
grandeurs et les distances du centre de toutes les parties qui se ressemblent, est formé, dans son intérieur,
de parties différentes ou de parties en plus ou de
parties en moins ? Il nous paraît rationnel d'admettre
qu'une même cause, agissant dans le même sens phy-
siologique et de la même manière a dû présider à la formation des deux côtés ; et quelle que soit la partie où
réside cette cause, il faut bien que cette partie ait
une *qualité de dualité* ou *propriété de formation binaire* sans laquelle rien ne serait parfaitement égal
de chaque côté d'elle. Mais par cela même que les
parties sont doubles ou symétriques, il s'ensuit que
les actions de cette cause étant les mêmes de chaque
côté, les effets sont nécessairement les mêmes ; et si un
muscle, un os, ou toute autre chose se forme à droite
à une certaine distance, un autre muscle, os ou autre chose en tout pareil doit se former à gauche à une
égale distance.

Revenant donc à la dualité des organes extérieurs,
il est bien inutile de rappeler ici que le bras, la
jambe, etc., se répètent du côté gauche et du côté
droit ; mais nous devons insister davantage sur les

parties qu'au premier abord on pourrait croire simples. Nous remarquerons avant tout que ces organes
ou ces appareils occupent toujours la ligne médiane
des individus; tels sont : le nez, la bouche, la colonne
vertébrale, etc.; ensuite, que ces organes sont toujours
divisibles en deux moitiés parfaitement semblables,
même en admettant que l'on ne reconnaisse pas de
suite la présence de ces deux moitiés symétriques.

On voit facilement que tous les vertébrés, les arti-
culés, les crustacés, les annelés, les mollusques sont
bien formés d'après cette symétrie qui a un plan pour
centre ; mais il faut un peu plus d'attention pour la
découvrir dans les *Échinodermes*, en particulier chez
les *Oursins* et les *Étoiles de mer*, à cause de leur con-
formation rayonnée et de leurs cinq ou six divisions
indiquées par les bras chez les Astéries et par des cô-
tes chez les Oursins. Mais chaque bras de l'Astérie
est divisé dans sa longueur par un sillon qui
indique déjà que l'animal est divisible en deux moitiés
semblables; mais, de plus, il a une certaine épaisseur,
les deux faces ne se ressemblent pas, et il n'a
qu'une seule ouverture qui remplit la double fonction
de bouche et d'anus. Par conséquent, en faisant passer
un plan AB, *fig.* 29, qui divise l'ouverture et le bras B en
deux parties égales, on aura dans B'*b*', B''*b*'' des parties homologues chacune à chacune. Enfin, en conduisant des
droites perpendiculaires au plan médian, on reconnaîtra que cette ligne rencontre des parties évidemment
semblables, d'où on conclura que cette symétrie se rapporte à un plan plutôt qu'à une seule ligne. Le même
raisonnement s'applique sans réserve aux Oursins.

D'après cela, sauf quelques rares exceptions, il nous
semble difficile de ne pas admettre chez les animaux
une symétrie spéciale tout aussi différente de la
symétrie végétale que celle-ci l'est de la symétrie minérale.

Mais de même que nous avons vu la symétrie par
rapport à un point entrer dans la composition d'un
très-petit nombre de végétaux réduits à une cellule
simple, de même, dans les animaux, nous retrouvons
pour une très-petite fraction de ces êtres la symétrie
par rapport à une ligne et même par rapport à un
point, comme si la nature avait pris à tâche de réunir
dans les séries , aux êtres les plus complexes, ceux

Fig. 20.

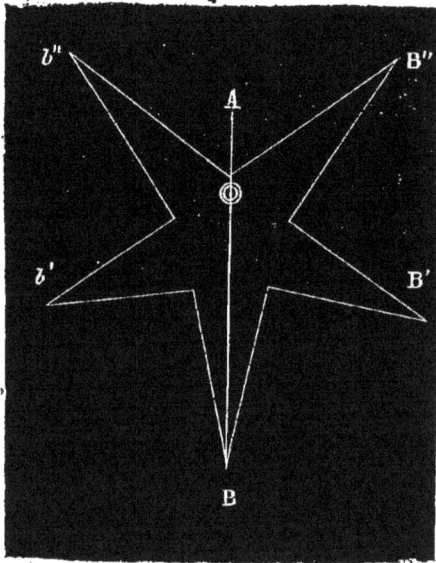

d'une organisation plus simple , afin d'indiquer que
rien ne lui est impossible, et réaliser jusqu'à un certain point cet axiome bien connu : *qui peut le plus peut
le moins.* Il est en effet difficile de faire entrer dans
la symétrie par rapport à un plan quelques animaux,
tels que les *Polypes*, les *Méduses*, les *Sertulaires* et
quelques autres, dont les formes extérieures semblent

se rapporter plutôt à la symétrie qui a une ligne pour centre, et quelques Monadaires dont la forme plus ou moins arrondie ne semble plus appartenir qu'à la symétrie par rapport à un point.

Si maintenant nous voulons, dans la construction d'un monument, appliquer ces idées de symétrie, nous reconnaissons que la symétrie peut se rapporter à une ligne, à un plan ou même à deux plans. Prenons pour exemple la Bourse ou l'église de la Madeleine. De ce que les côtés de ces parallélogrammes sont construits de la même façon et dans d'égales proportions, et surtout la façade étant bien perpendiculaire aux deux côtés, il s'ensuit que si l'on suppose un plan coupant le parallélogramme au centre, chaque ligne perpendiculaire au plan devra aller rencontrer à une égale distance une colonne, une corniche, une abside, une ogive, etc. Sans cela la symétrie ne serait pas parfaite. Il y a donc là symétrie par rapport à un plan. Si nous ne considérons que la façade du monument, la grande porte étant au milieu et les décors également répartis de chaque côté, nous ne retrouvons plus qu'une symétrie par rapport à une ligne, puisque les parties qui forment symétrie sont sans profondeur, c'est-à-dire ne sont placées que sur une surface plane. Maintenant, si nous supposions deux façades construites exactement de la même façon, comme le sont les deux côtés, sans cependant leur ressembler, de ce que l'on pourrait couper le parallélipipède par un plan passant par le milieu des deux côtés et de ce qu'aussi toutes les droites perpendiculaires à ce plan iraient joindre des parties homologues, il y aurait évidemment encore symétrie par rapport à un plan. Mais comme déjà nous avons reconnu aux deux côtés une symétrie par rapport à un plan, il y aurait, dans le cas supposé, symétrie par rapport à deux

4

plans, mais deux plans perpendiculaires entre eux.
Enfin, si nous supposons un monument carré dont
les côtés, symétriques par rapport à une ligne, soient
exactement semblables entre eux, nous retombons dans
une symétrie par rapport à une ligne; mais ici la ligne
est au centre du monument au lieu d'être sur une face
seulemen .

Réflexions sur ces trois symétries.

Il nous est impossible de taire les réflexions qui
nous ont été suggérées par l'étude de ces propriétés
générales.

Pour peu que l'on recherche quelle peut être la
part d'influence que peut avoir cette partie centrale,
point, ligne ou plan, sur la forme des corps, on est
conduit à des considérations que nous soumettons à la
sagacité des physiologistes.

Et d'abord, cette partie centrale a-t-elle véritablement quelque action sur la forme des êtres? On comprend que la réponse à cette question est complétement du domaine des opinions , puisque l'esprit ne
conçoit aucune manière de la résoudre par l'expé-
rience. Cependant, si l'on remarque que les cristaux
si variés d'un groupe cristallin peuvent être tous ramenés à une *forme primitive commune*, peut-être sera-
t-on tenté de penser qu'il existe un point central ,
une force, qui préside à l'arrangement des molécules
du corps. D'un autre côté, le développement centri-
fuge des végétaux et des animaux ne semble-t-il pas
indiquer qu'il y a, là aussi, une force intérieure qui
repousse à l'extérieur, mais dans un certain ordre,
les principes qui doivent constituer les parties végé-
tales ou animales? Pour fixer les idées, nous nomme-

rons *actions* ou *forces périphériques* ces forces occultes
qui semblent diriger cet arrangement des molécules
pour les placer symétriquement de chaque côté du
point, de la ligne ou du plan.

Si l'on a fait attention à ce que nous avons dit sur
les trois symétries, on reconnaîtra qu'elles ont ce
rapport commun, que des droites perpendiculaires au
centre symétrique vont de part et d'autre de ce centre
trouver des parties homologues. Mais une droite,
quelle que soit sa direction, est toujours, par rapport au
point, dans une position que l'on ne peut pas dire
n'être pas perpendiculaire à ce point; par conséquent,
dans quelque direction que l'on place une droite passant par le centre de figure d'un solide géométrique,
on est certain que cette droite ira toucher des parties
homologues ; mais comme aussi cette droite peut
tourner autour du point dans tous les sens possibles,
il en résulte que cette symétrie peut être regardée
comme *sphérique*; elle ne serait que *circulaire* si la
droite ne tournait que dans un plan, comme dans le
cas des figures planes.

Dans la symétrie par rapport à une ligne, la droite
ne peut être perpendiculaire que tout autour de la
longueur de la ligne. Enfin, dans le cas où la symétrie a un plan pour centre, la droite ne peut lui
être perpendiculaire que d'une seule façon. Voici
comment on peut distinguer ces trois symétries rela-
tivement à la perpendicularité au centre d'une droite :

1º Dans le point, les actions périphériques n'étant en
aucune façon détruites ou interrompues par la présence
d'autres points, il en résulte que ces actions sont par-
tout libres et semblables ou à peu près, et que les pro-
duits de ces actions doivent être à peu près les mêmes
dans tous les sens pour chaque individu. De là vient,
peut-être, que les cristaux offrent des formes plus ré-

gulières et en même temps plus simples, dans lesquelles on reconnaît que l'action a eu lieu pareillement dans les *trois dimensions de l'étendue;*

2° Dans la ligne, les actions périphériques sont déjà limitées, par la superposition des points, à *deux des dimensions de l'étendue;* mais en même temps, comme les points qui forment la ligne peuvent acquérir des forces spéciales de leur union, c'est peut-être à elles que le végétal doit cette physionomie particulière qui le distingue si complétement des êtres organisés; de là sans doute aussi cette forme plus allongée et plus en rapport avec la forme linéaire;

3° Enfin, dans le plan, on voit que les actions périphériques sont encore plus limitées que dans la ligne et qu'elles doivent être réduites à *une seule dimension de l'étendue,* puisque les côtés de chaque ligne sont recouverts par les lignes voisines, de façon à constituer le plan; mais comme, en même temps aussi, les lignes qui forment le plan peuvent de leur union acquérir des forces spéciales, il n'y aurait rien de bien étonnant quand elles détermineraient la forme qui caractérise si énergiquement les animaux.

On pourrait donc dire avec quelque vérité que l'action périphérique du point central minéral se fait sentir dans les trois dimensions de l'étendue, c'est-à-dire de six côtés à la fois; que l'action périphérique d'une ligne centrale végétale agit encore dans deux dimensions de l'étendue, c'est-à-dire sur quatre côtés à la fois; qu'enfin l'action périphérique d'un plan central animal est limitée à une seule des dimensions de l'étendue, c'est-à-dire à deux côtés seulement.

En cherchant à faire une application de ces vues théoriques à la science, on peut se demander s'il n'existerait point une voie par laquelle on pourrait parvenir

à donner la clef de certains faits de physiologie végétale et animale.

Par exemple, nous savons parfaitement, d'après les
plus récents travaux des physiologistes, que la formation des cellules animales se fait généralement par
développement binaire et que la formation des loges de
l'anthère et des grains de pollen dans les cellules pol-
liniques, ainsi que les sporules dans les cellules
mères, se fait par *développement quaternaire*. Si donc
nous faisons ce rapprochement que, dans les végétaux
comme dans les animaux, c'est précisément une *cellule
primitive* qui doit former le nouvel être, laquelle prend
ce développement quaternaire pour les végétaux, binaire pour les animaux, nous sommes tenté de reconnaître que le développement quaternaire est le propre
des actions périphériques de la ligne, d'où la symétrie végétale; tandis que le développement binaire serait le propre des actions périphériques du plan, d'où
la symétrie animale.

Mais pour que ces vues théoriques aient un fond
de vérité commun aux trois symétries, il faut que dans
le règne inorganique, dont nous avons vu le centre symétrique être un point, lequel possède une action périphérique dans les trois dimensions de l'étendue, il faut,
disons-nous, qu'il y ait aussi un *développement senaire*.
Eh bien, en effet, si nous jetons un coup d'œil sur les
six groupes de cristaux, nous trouvons dans chacun
d'eux des *cristaux simples* à six faces regardant les
trois dimensions de l'étendue, et que pour cette raison
nous pouvons considérer comme étant la forme primitive des cristaux plus ou moins modifiés qui en déri-
vent et qui seraient à ces groupes de cristaux ce que
la cellule organique est à l'individu auquel elle doit
donner naissance.

Si nous avons été bien compris, nous voyons que la

symétrie est due sans doute à une force centrale appartenant aux trois règnes naturels, et dans l'impossibilité où nous sommes de dire ce qu'est le *principe vital* et où il réside, nous pouvons toujours le supposer dans le point, la ligne ou le plan par rapport auquel toutes les parties s'ordonnent.

.

www.ingramcontent.com/pod-product-compliance
Lightning Source LLC
Chambersburg PA
CBHW050539210326
41520CB00012B/2640